富田京一 著
下田昌克 絵

恐竜は今も生きている

ポプラ社

もくじ

第1章
恐竜ってどんな生きもの？ 9

むかしむかし、中生代が恐竜の時代　10

恐竜ってどんな生きもの？　18

コラム　最初に研究された恐竜　24

第2章
羽毛を持った恐竜のくらし 25

手がかりは今に残る羽毛　26

恐竜と羽毛　28

コラム　「卵どろぼう」は大誤解　38

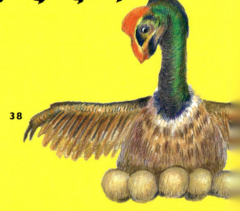

第3章
恐竜、空へ行く 39

なぜ、空へ飛びたった？ 40

どうやって、空へ飛びたった？ 44

鳥の時代へ 48

最新の恐竜研究いろいろ 58

さくいん 61

あとがき 62

さまざまな色や形をした鳥たちがたくさん集(あつ)まっています。
この巨大(きょだい)なひよこみたいな動物(どうぶつ)はいったい何者(なにもの)でしょうか!?

大きな口には、
するどい歯(は)がずらり！

じつはこれ、有名な恐竜ティラノサウルスだったのです。

　ティラノサウルスは、頭の先から尾っぽの先までの長さが13メートル、重さは6トンに達した最大級の肉食恐竜です。今から6600〜6800万年ほどむかし、たくさんの恐竜たちが生きていた白亜紀とよばれる時代の、北アメリカにくらしていました。

　このふさふさしたティラノサウルスが、じつは体に羽毛をまとっていたことは知っていますか？

　さて、何のために、こんな羽毛が生えていたのでしょう。そこには、「恐竜がどうして繁栄したのか」ということへの大きなヒントがかくれているようです。

　さあ、そのひみつにせまってみましょう。

第 1 章

恐竜って
どんな生きもの？

むかしむかし、中生代が恐竜の時代

恐竜が生きていた大むかしの地球

　恐竜の羽毛の話をはじめる前に、まずは恐竜たちがどんな環境で生きていたのかを見ていきましょう。

　恐竜が繁栄した時代は中生代とよばれ、古い順から三畳紀・ジュラ紀・白亜紀の3つの時代にわけられます。ティラノサウルスが生きていた白亜紀後期は、恐竜の時代でも最後のほうです。

　今のところ、一番古い恐竜の化石は、約2億3100万年前、三畳紀

後期の地層から見つかっています。三畳紀には、世界じゅうの大陸がひと続きになって、「パンゲア」とよばれる巨大なかたまりを形作っていました。今の地球とはまったく大陸の形がことなります。

次のジュラ紀には気温が上昇し、雨がよく降る雨季と、雨がほとんど降らない乾季が、多くの場所で見られました。植物ではスギやソテツ、イチョウなどのなかまが繁栄し、これらを食べる巨大な草食恐竜も現れました。

中生代最後の白亜紀も、気候は地球全体としては温暖でしたが、北極や南極地方では冬に雪も降ったようです。白亜紀後期には大陸の数や位置が現在の状態に近づき、それぞれの地域で多様な恐竜が繁栄しましたが、白亜紀末にはそのほとんどが絶滅してしまいます。

恐竜の種類って?

中生代に生きていたさまざまな恐竜たちが、今、化石となって発見されています。現在のところ、名前のつけられている恐竜は、およそ1000種類もいるのです。

恐竜は腰の部分にある「骨盤」という骨の形によって、竜盤類と、鳥盤類という二大グループにわけられています。

竜盤類

腸骨　恥骨　坐骨　骨盤

骨盤の形がトカゲに似ていて、恥骨が前か下向きにのびているのが特ちょうの竜盤類。二足歩行の獣脚類と、植物食の竜脚形類にわかれます。

獣脚類
二足歩行の恐竜。
肉食のものも多かった。

ティラノサウルス

竜脚形類
長い首を持つ、
大型の植物食恐竜。

ブラキオサウルス

鳥盤類

骨盤の形が鳥に似ていて、恥骨が坐骨にそっているのが特ちょうの鳥盤類。鳥脚類、鎧竜類、剣竜類、堅頭竜類、角竜類などにわかれ、すべて植物食です。

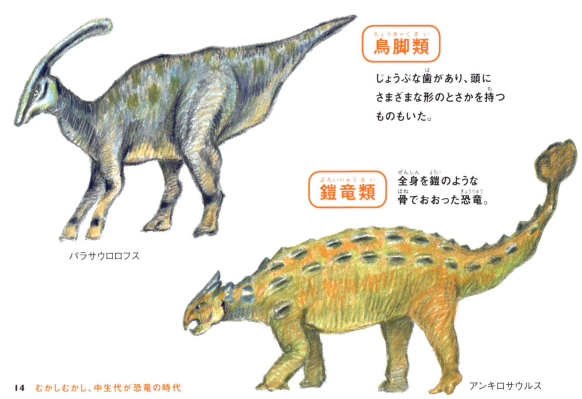

鳥脚類

じょうぶな歯があり、頭にさまざまな形のとさかを持つものもいた。

パラサウロロフス

鎧竜類

全身を鎧のような骨でおおった恐竜。

アンキロサウルス

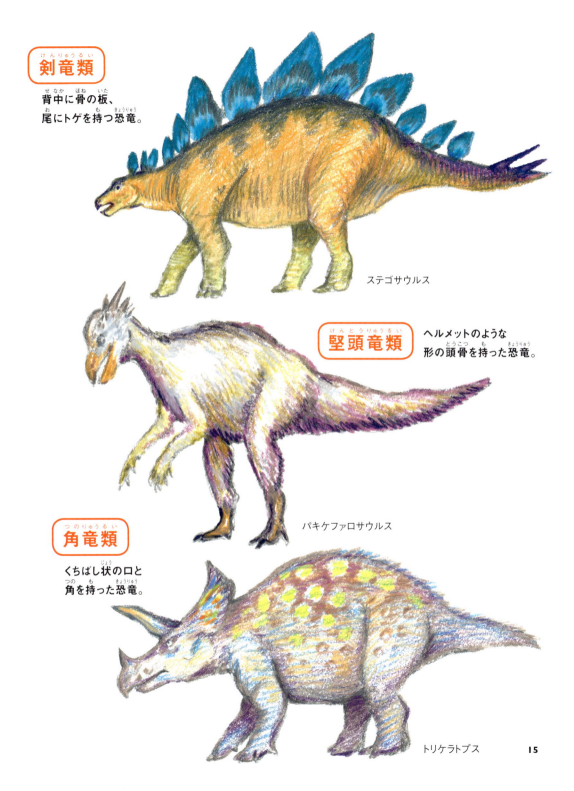

剣竜類
背中に骨の板、尾にトゲを持つ恐竜。

ステゴサウルス

堅頭竜類
ヘルメットのような形の頭骨を持った恐竜。

パキケファロサウルス

角竜類
くちばし状の口と角を持った恐竜。

トリケラトプス

恐竜以外にもたくさんの生きものがいた

約2億5200万年前から約6600万年前まで続いた中生代。生きていたのは恐竜だけではありません。さまざまな植物や昆虫、魚やサンゴ、それにイカやタコのなかまであるアンモナイトなど、今では絶滅してしまった動物も繁栄していました。恐竜とほぼ時を同じくして、わたしたちヒトの祖先である哺乳類という動物のなかまも出現しています。

しかし、中生代に一番繁栄した体の大きな動物は、わたしたちの祖先の哺乳類ではなく、爬虫類とよばれるなかまです。恐竜も爬虫類です。

　海には、クジラなみの大きさにもなる魚竜や首長竜や海トカゲ竜が生きていて、空には小さな飛行機ほどのサイズにもなる翼竜などの爬虫類もたくさん生きていました。

　中生代は、恐竜以外にもたくさんの種類の爬虫類が繁栄したので、「爬虫類の時代」とよばれています。

ケツァルコアトルス
（翼竜）

エラスモサウルス
（首長竜）

モササウルス
（海トカゲ竜）

アーケロン
（ウミガメのなかま）

恐竜ってどんな生きもの?

恐竜も、ヘビもトカゲも「爬虫類」。その特ちょうは?

　今、生きている爬虫類にはヘビ、トカゲ、カメ、ワニなどがいます。爬虫類の「爬」ははって進むこと、「虫」はもともとヘビの意味。つまり、爬虫類は〝はって進むヘビのような生きもの〞という意味です。
　では爬虫類にはどんな特ちょうがあるのでしょうか。

実際には、おなかを地面につけ、
はって移動するのはヘビくらいで
トカゲやワニなどは、あしで体をささえ
おなかをうかせて進む。

1 卵を産む

多くの爬虫類はじょうぶな殻につつまれた卵を産む。
そして、卵の中で親と同じ形になるまで育ってからふ化をする。
わたしたち哺乳類とはちがって、
母親が赤ん坊に乳を飲ませて育てることはない。

2 ウロコがある

爬虫類の見た目の特ちょうは、体の表面が
ウロコでおおわれていること。このウロコは魚のように
ヌルヌルしているのではなく、いつも乾いており、
ツルツルしていたり、カサカサしていたりする。

恐竜も爬虫類のなかまなので卵を産みます。また、羽毛の下の体の表面はいつも乾いています。けれど、ほかの爬虫類とはちがう、恐竜ならではの特ちょうを持っていました。それは、何でしょうか。

恐竜は「足腰」がちがう！

　まず、恐竜とほかの爬虫類や動物を区別できる一番の特ちょうは足腰です。

　「がっちりはまった頑じょうな骨盤」と「まっすぐにのびた後ろあし」を備えているのが恐竜の特ちょうで、こうした足腰を備えている動物だけが「恐竜類」とよばれています。同じ爬虫類のトカゲや、わたしたちヒトと、ちょっとくらべてみましょう。

ほかの動物の足腰

トカゲは後ろあしが
体の横についている。
ヒトは足が体の下にまっすぐのびている。
トカゲの骨盤とはことなり、
ヒトの骨盤にはくぼみがあり、
太ももの骨がはまって安定するのだ。

ヒトの骨盤

トカゲの骨盤

コモドオオトカゲ（爬虫類）

ヒト（哺乳類）

恐竜の足腰
頑じょうな骨盤

恐竜は骨盤に穴があいていて、ヒトの骨盤より
さらに、太ももの骨がしっかりとはまる。
そのため、重い体をささえることができる。

ティラノサウルスの
骨盤

恐竜の足腰
まっすぐにのびた後ろあし

恐竜は爬虫類だが、ヒトと同じように
後ろあしがまっすぐ体の下にのびている。
このため、スピードを出して走っても、
だっきゅうやねんざの心配が少ない。

ティラノサウルス（恐竜類）

内温動物（電池型）

1 内温動物はまわりの温度とかかわりなく、熱を作りだせる。だから…。

2 寒い日でも暑い日でも自分の熱をつかって、動きまわる。でも…。

恐竜は「体温調節」の方法がちがう!

恐竜と爬虫類を区別する特ちょうはほかにもあります。

生きものが動くためには「熱」が必要です。

イヌやネコやわたしたちヒトは、動くために必要な熱を、ごはんを食べて自分で作りだします。このような生きものは「内温動物」とよばれます。

内温動物は食べものを食べて、自分で熱を作りだすため、暑い日も寒い日も、いつでも動くことができます。たとえるなら、体に電池を持っているようなものです。

外温動物（コンセント型）

1 外温動物は自分で熱を作りだすことができない。だから…。

2 あたたかい日は動きまわることができるが…。

3 熱を作る材料がなくなると、動けなくなってしまう。おなかがすくのだ。だから…。

4 いつもたくさん食べて、熱を作りだしている。

　いっぽうで、活動するために必要な熱を自分自身で作りだすことのできない生きものを「外温動物」といいます。
　外温動物はまわりがあたたかくないと動くことができません。コンセントをあたたかいところにつないで熱を得ているようなものです。ヘビやトカゲなど、ほとんどの爬虫類は外温動物です。
　では、恐竜はどちらでしょうか。恐竜もほかの爬虫類と同じく、ずっと外温動物だと思われていました。けれど、最近では内温動物だったと考えられています。それが、なぜわかったのかというと、そのきっかけのひとつが羽毛の発見だったのです。

3 寒い日は動けなくなってしまう。でも…。

4 動くために、たくさんのごはんは必要ない。

コラム 最初に研究された恐竜

恐竜は大むかしの生きものなので、化石になって出てきた骨をもとに研究をおこないます。

学問的に研究された恐竜第1号は、1820年代はじめ頃にイギリスで発見されたメガロサウルスで、1824年に名前がつけられました。第2号はその翌年に名前がつけられたイグアノドンです。

最初の研究者たちは硬くて化石に残りやすい「歯」に着目しました。

メガロサウルスは肉食動物で、現在のオオトカゲなどに少し似た歯をしていました。メガロサウルスとはギリシャ語で「巨大なトカゲ」という意味です。

イグアノドンは植物食動物で、歯の形がイグアナという草食性のトカゲに似ていました。このことから、「イグアナの歯」という意味でイグアノドンと名づけられたのです。

当時の学者たちは、これらの生きものを大むかしに生息した爬虫類であることまでは見ぬきましたが、それ以上のことはわからなかったのです。

やがてイギリスのリチャード・オーウェン（1804〜1892）という人物が、これらの化石をしらべ、今生きている爬虫類とはことなる特ちょう（20〜23ページ）を持つことに気がつき、1842年にこれらを「Dinosauria（ディノサウリア）」（「恐ろしいトカゲ」の意味）と名づけました。

当時のイグアノドンの復元図（上）と今の復元図（右）。当時の復元図の外観はイグアナのイメージに引っぱられている。また、とがった親指の骨は、鼻の上の角だったとまちがえられていた。

第 2 章
羽毛を持った恐竜のくらし

手がかりは今に残る羽毛

① 肉食の哺乳類などに死がいが食いあらされると…。

② 羽毛などはぼろぼろになってしまい…。

③ じょうぶな骨だけが化石として残る。

羽毛はどうやって残ったの？

　恐竜の化石から、最初に羽毛が発見されたのは1996年です。肉食恐竜シノサウロプテリクスの化石から、羽毛が見つかったのです。

　そしてこれ以来、中国の遼寧省を中心として、『羽毛恐竜』とよばれる、羽毛の残った恐竜化石が続ぞくと発見されていきました。

　時代をこえて、やわらかい羽毛がどうして化石に残ったのでしょうか。

　この地域で集中的に羽毛恐竜の化石が残ったのは、当時この一帯にあった大きな火山のおかげでした。

多くの場合、恐竜が死ぬとくさったり、ほかの生きものに死がいが食いあらされたりしてしまい、羽毛などのやわらかくてせん細な部分はぼろぼろになってしまいます。

しかし、火砕流や火山灰が発生すれば、恐竜もほかの生きものも一気にのまれて死んでしまうのです。

そうすると、化石が食いあらされるすきもありません。さらに、きめの細かい火山灰によって埋もれるため、羽毛のせん細な構造がしっかり残るというわけです。それは、わたしたち研究者にとっては、とてもラッキーなことでした。

4 いっぽう中国の遼寧省では、火山の噴火により、恐竜もほかの動物も同時に死んでしまった。

5 そのため、羽毛が残ったまま、火山灰の中に埋もれ…。

6 羽毛恐竜の化石が発見されたのだった。

恐竜と羽毛

羽毛はあたたかかった

　現在の内温動物は、イヌやネコを見てもわかるように、たいてい体を羽毛でおおっています。

　羽毛恐竜の発見により、恐竜も羽毛をつかって体温調節をする内温動物だということがわかったのです。

　恐竜が誕生した三畳紀の中ごろ、ほとんどの種類は肉食でした。

　肉食動物が効率よく狩りをおこなうには、ほかの動物が休んでいるときにおそうことが一番です。恐竜たちには羽毛があったので、ほかの動物が寒くて動けなかったり、巣穴で眠っているときに活動し、えものをねらうことができたのです。

　それに、最初のころの恐竜はほとんどがニワトリほどの大きさでした。

　小さな恐竜たちはほかの動物をおそういっぽうで、つねに自分よりも大きい肉食動物にねらわれていました。そのため、さまざまな敵から自分の命を守るためにも、体をあたたかく保ち、いつでも逃げることができるよう備えていたのです。

　小さな恐竜にとって羽毛はエサをとるために、そして敵のエサにならないために必要だったのです。

体温が保てれば、いつでも動ける。
眠っているほかの動物をおそったり、
突然おそわれても逃げたりすることができる。

羽毛があればどこにでもすめる

当時、北極や南極だった場所からも恐竜の化石がたくさん見つかっています。

恐竜が生きていた時代は今よりあたたかかった時代でしたが、とはいえ、北極や南極は、動物がくらすにはとても寒い場所でした。

恐竜たちは寒さから身を守るため、たくさんの食べものを食べながら、羽毛で体温を保ってくらしていた。

レアエリナサウラ

たとえば、1億1000万年前、当時南極圏内にあったオーストラリア南部の平均気温はおそらくマイナス6℃くらいだったと考えられます。場所によっては一年中地面が凍ったままの地域もあったようです。そんなに寒く、きびしい環境にも恐竜はたくさんいたのです。きっと、羽毛なしでは生きぬくことはできなかったでしょう。

羽毛をつかって子育て

　恐竜が羽毛をつかってあたためるのは、自分の体だけではありません。

　卵の上におおいかぶさったかっこうの、オヴィラプトルという恐竜の化石がときどき見つかります。おそらく砂嵐などにあったのでしょう。

　これは卵を抱き、羽毛でつつみこむようにしてあたためていた証拠です。オヴィラプトルは卵やヒナをあたためて、子育てをしていたようなのです。

　また、卵を守りながら死んでしまったオヴィラプトルのなかまの化石は、今のところすべてオスだったことがわかっています。

　オヴィラプトルなどの恐竜は、父親が卵を抱いているあいだ、母親が代わりにエサを探しに出かけたり、赤ちゃんがかえってからは世話を分担でおこなったりしていた可能性があります。日差しの強い日には、子どもたちのために、羽毛で日かげを作ってやったのかもしれません。

　じつは父親が子育てに参加する動物は決して多くありません。

　ヒトやイヌは、お母さんとお父さんがいっしょに子育てをすることの多い動物ですが、意外なことに、

哺乳類では父親が育児をする割合は小さく、全体のわずか5％未満にすぎません。
　爬虫類では、ワニが熱心に子育てをしますが、それ以外のものはほとんどが、母親も父親も子どもの世話をすることはありません。

オヴィラプトルは砂嵐から卵を守った状態で化石が発見される。

かざりの羽毛は何のため？

恐竜の中には、保温には役立たなさそうな、かざりのような羽毛を持つものも見られます。

これらの羽毛がつかわれるのはオスがメスに求愛するときや、群れのリーダーを決めたり、なわばり争いをするとき、また、敵に対する威かくにもつかわれていた可能性があります。

エピデクシプテリクス　　　　　　　プシッタコサウルス

恐竜は眼がよかった

　かざりのような羽毛を持ち、求愛や威かくにつかっていたとすると、その羽毛の色や形を認識できるくらい恐竜の眼がよかったと考えることができます。
　たしかに、恐竜の頭骨を見ると、どれも眼球の入る穴が大きく、眼が体の割合とくらべて、とても大きかったことがわかります。
　脳の、視覚をつかさどる部分も大きく発達していたようです。
　恐竜は複雑な色の羽毛で、なかまとのコミュニケーションをしていたのかもしれません。

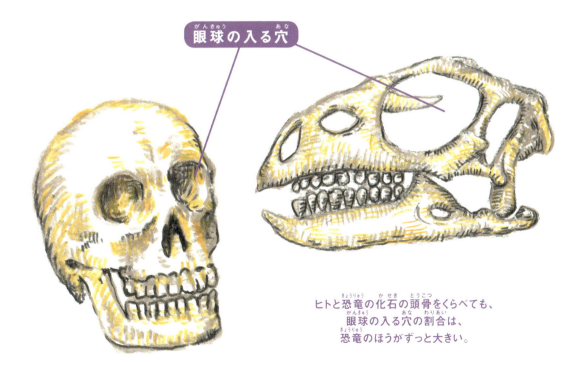

眼球の入る穴

ヒトと恐竜の化石の頭骨をくらべても、眼球の入る穴の割合は、恐竜のほうがずっと大きい。

かざりの羽毛を求愛や威かくにつかうのは、今、生きている生きものでは、鳥類もいっしょです。現在の鳥類にはとてもカラフルに見える羽毛を持つものがたくさんいます。
　恐竜も鳥類も、このような複雑な色をつかって、なかまとコミュニケーションをとる、眼の発達した生きものなのです。

「構造色」とよばれる羽毛の色。
同じ鳥の頭の色も、見る角度によって、ちがう色や模様に見える。
恐竜の羽毛もこのような構造色をしていたと考えられている。
甲虫やチョウのはねなどにも、
構造色がみられる。

鳥は恐竜から進化した

　羽毛を子育てに役立てること、かざりの羽毛でなかまとコミュニケーションをとること、そして「構造色」という複雑な色を認識する、とても発達した眼を持つこと。これらはすべて、恐竜と鳥に共通する特ちょうなのです。

　これが何を意味しているのか、もうおわかりでしょうか。

　はじめに書きましたが、恐竜の一番の特ちょうは、頑じょうな骨盤と、まっすぐにのびた後ろあしです。そして、鳥も同じつくりの足腰を備えています。

　そう、今もみなさんが見ている鳥は、恐竜が進化をとげた生きものだったのです。

コラム 「卵どろぼう」は大誤解

　オヴィラプトルは鳥に似た体形と大きなトサカが特ちょう的な獣脚類です。「オヴィラプトル」とはギリシャ語で「卵どろぼう」という意味。どうしてこんな名前がつけられたのでしょうか。

　オヴィラプトルの化石は1920年代のはじめに、卵といっしょに発見されました。当時の研究で、その卵は角竜プロトケラトプスのものと考えられ、オヴィラプトルの化石は卵のすぐそばで発見されたため、ほかの恐竜の卵を盗んで食べていたとして、このような名前がつけられたのです。

　ところが1990年代に入って、これまでプロトケラトプスのものと思われていた卵の化石の中から、オヴィラプトルの子どもが発見されました。

　さらに、これとあいついで、砂嵐のような災害から卵を守ろうといっしょに死んでしまったオヴィラプトルの化石なども見つかりました。

　オヴィラプトルは卵どろぼうなどではなく、献身的に子育てをする恐竜だったのです。

　こうして発見からおよそ70年がたち、不名誉な名前をつけられてしまったのはぬれ衣だったとわかりましたが、ちょっと気の毒なことにオヴィラプトルという名前は今でもそのままです。

卵を守っている状態に復元されたオヴィラプトルのなかまの組みたて骨格。

第 3 章
恐竜、空へ行く

なぜ、空へ飛びたった？

ひっそり生きていた、小さな恐竜たち

恐竜はどのような道すじをへて鳥へ進化をとげたのでしょう。

鳥の祖先となった恐竜は、獣脚類（13ページ）のなかまでした。獣脚類は二足歩行で、恐竜が誕生したときのすがたを保ちつづけた、ある意味「恐竜の元祖」「もっとも恐竜らしい恐竜」です。

巨大と思われがちな恐竜ですが、ティラノサウルスのような例外をのぞいて、獣脚類の恐竜の大部分は小さい恐竜でした。そのため、さまざまな恐竜たちがひしめいている地上よりも、敵の少ない木の上でひっそり生きていたものが多いようです。

羽毛の進化

獣脚類の恐竜は、歩くためにはつかわなかった前あしを、羽毛をまとった翼として飛ぶことにつかうようになりました。

でも、最初の羽毛は保温やかざりのためだったはずです。空を飛ぶための羽毛はどのように生まれたのでしょう。

羽毛の進化の過程を見てみましょう。

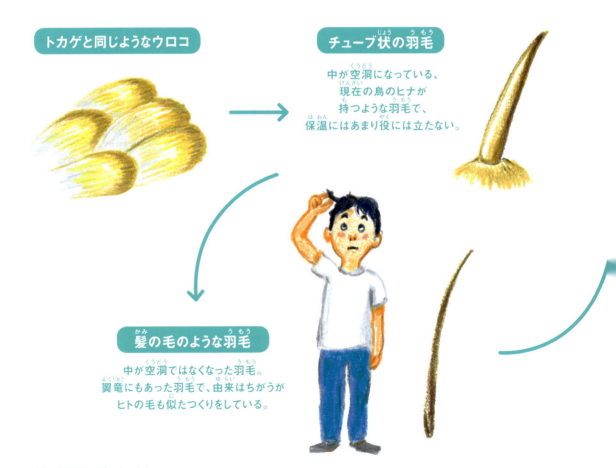

トカゲと同じようなウロコ

チューブ状の羽毛
中が空洞になっている、現在の鳥のヒナが持つような羽毛で、保温にはあまり役には立たない。

髪の毛のような羽毛
中が空洞ではなくなった羽毛。翼竜にもあった羽毛で、由来はちがうがヒトの毛も似たつくりをしている。

軸のない羽毛

毛が房状に生えている。保温性が高まったが、飛行の役には立たない。

軸のある羽毛

羽軸が作られ、そこから枝分かれした羽枝ができる。

羽枝 / 羽軸

さらに、羽枝が分岐する。

羽枝 / 羽軸

一体化した羽毛

分岐した羽枝から出た小さな鉤で、羽毛どうしがからまりあい、保温性が非常に高い。

風切羽

飛ぶことにとても役立つ飛行機の翼とよく似た形の羽毛。おもに翼に生えていた。恐竜はこの羽毛で空へと飛びたった。

高い保温性のある羽毛

風切羽と保温性の高い羽毛が合わさったもの。翼以外の部分に生え、保温の役に立っていた。

43

どうやって、空へ飛びたった？

飛びたつきっかけ

　進化の過程でいろいろな形や性質の羽毛があったことはわかりました。では、恐竜はどのように空へ進出していったのでしょう。それについては、現在ではさまざまな意見が出されています。

　ひとつは、地上を走っていた恐竜が、しだいにパタパタと羽ばたくようになり、やがて飛行できるようになったとする説です。

現在では、鳥の祖先に近い獣脚類の恐竜の多くが木の上にすんでいたことがわかり、この説はあまり人気がありません。

ふたつめの説は、坂や樹木の幹をかけあがるときの助けとして、小きざみに翼を羽ばたかせることからはじまったとするものです。

そして、もうひとつ、わたしがさらに有力だと考えている説があります。それは、木から木へ移動するとき、少しでも遠くへうつるために羽ばたいたことから、だんだんと飛ぶことができるようになったとする説です。

最初の翼は4枚

　木から木へ、空を滑るように飛ぶ滑空飛行が、恐竜の飛行のはじまりだったとする説の強い根拠となっているのは、2002年に発見された、前あしと後ろあしの両方に計4枚の翼を持つミクロラプトル・グイという小型恐竜の化石です。
　後ろあしの翼は現在の鳥には見られませんが、飛行機も4枚の翼から2枚の翼へと変わっていったように、前あしの翼の発達による飛行性能の向上につれ、後ろあしの翼の必要がなくなっていったのかもしれません。

前あしと後ろあしに翼を持っていたミクロラプトル・グイ。後ろあしの翼は、走って助走をつけ、離陸するのには不便だが、ムササビのように高いところから滑空するときにはとても役に立つ。

恐竜の空への進出は、今から1億7000万年前〜1億6000万年前にあたるジュラ紀の中ごろにはじまったと考えられています。
　滑空や飛行は、危険のともなう行為だったでしょう。墜落したり、すでに空を飛んでいた翼竜にねらわれたりすることも多いからです。
　そこまでして空を目指さなければならなかった理由は何でしょう。それは、ひっそり静かにくらしていた木の上も、さまざまな生きものがくらしはじめたことですみづらくなり、新しい場所へ逃げるしかなかったからではないかと、わたしは考えています。

2枚の翼で羽ばたき、
空を飛ぶ現在の鳥類。
ミクロラプトル・グイなどの恐竜よりも
前あしの翼の飛行性能が増し、
滑空はもちろん、
パタパタと羽ばたいて
上手に飛ぶこともできる。

鳥の時代へ

鳥の繁栄

　今のところもっとも古い鳥の化石は、ジュラ紀後期（約1億5000万年前）のドイツの地層から発見されたアーケオプテリクスで、別名「始祖鳥」ともよばれます。

　アーケオプテリクスには、今の鳥とはことなる特ちょうがいくつも見られました。鳥とはだれにも気づかれず、ふつうの肉食恐竜として博物館におさめられていた化石もあるほど、恐竜らしい骨格をしていたのです。

　肩の動かせる範囲がせまく、胸の筋肉も少なかったので、翼を力強く持ちあげたり、ふりおろすことができませんでしたが、風切羽の形は今の鳥とよく似ていました。

　そのため、上手ではないものの、ある程度は飛べたと考えられています。しかも木の上から滑空するだけでなく、急ぐときは地面から羽ばたいて飛びたつこともできたようです。

　ジュラ紀が終わり、白亜紀に入ると、さまざまなすがたの鳥たちが大空を舞うようになりました。種類によっては木の実や魚などいろいろなエサを食べるようになり、鳥たちは森の中から海べまであらゆる環境で見られるようになりました。

アーケオプテリクス（始祖鳥） 今の鳥とはちがう体の特ちょうを備えていた。

前あしにするどい爪の生えた
3本の指があり、
物をつかむことができた。

くちばしには
歯が生えていた。

長い尾を持ち、
骨がある。

すべての指が
前を向いていて、
木の枝をにぎるのが
現在の鳥ほど上手ではない。

翼竜に代わって、空を支配する

恐竜が鳥となり、空へ進出する前、空は翼竜が支配していました。翼竜は鳥よりずっと以前から空を飛び、最古の化石は三畳紀後期（約2億2000万年前）の地層から発見されています。

しかし、鳥が空に進出したころ、翼竜は少なくなっていたようです。それはなぜでしょうか。

鳥の強み、翼竜の弱み

翼

風切羽でできた翼は、枝にひっかかるなどしてぬけても、生えかわる。

翼竜の翼は膜でできていて、一度大きくやぶれると、二度とつかうことができない。

翼竜は体の割合に対してとても大きな翼を持っており、体も軽くて、飛ぶことに関してはスペシャリストでした。脳や耳にある、バランス感覚をつかさどる部分などは、現在の鳥より発達していたほどです。しかし、翼竜の翼はやぶれたらつかえなくなってしまうという弱点がありました。

　鳥の翼は何枚もの風切羽でできているため、再生が可能です。また、鳥は翼竜よりも強い足腰を持っていたので、地上でも敵から逃げることができました。

　鳥の出現が、翼竜を空からおいやったすべての原因かどうかはわかりませんが、白亜紀末に絶滅した翼竜や恐竜とはちがい、鳥はその後も繁栄を続けていきました。

足

空を飛ぶことが得意な翼竜だが、地上ではすばやく歩くことはできなかった。

恐竜から進化した鳥たちは、強い足腰で、地上でもすばやく歩くことができた。

隕石衝突——生きのこった鳥たち

　今から約6600万年前を境に、それまで繁栄を極めていた恐竜の多くがこの世からぷっつりとすがたを消しました。
　恐竜だけではなく、翼竜や首長竜、海トカゲ竜、アンモナイトなど多くの動物たちも消えてしまいました。
　これほどの大絶滅はなぜ、どのようにして起きたのでしょう。もっとも有力だと考えられているのは隕石衝突説です。

巨大な隕石衝突によって舞いあがったちりにより、太陽の光がさえぎられ、地球全体の気温が急激に下がったり、植物がいっせいに枯れたりしました。その後も気温など環境の大きな変化は数か月にわたって続き、恐竜たちもついには絶滅したと考えられています。
　隕石の衝突だけでなく、海の水位が下がったことにより、数百万年という長い時間をかけて地球全体の気温や湿度が低下し、恐竜の食べものやすむ場所がなくなった、という説もあります。

環境変化の原因がなんであれ、環境が変わったときに穴を掘って休眠し、やりすごすことのできた哺乳類やトカゲ、カメ、カエルなどは生きのこり、恐竜たちの多くは絶滅してしまいました。
　ただ、すべての恐竜が消えたわけではありません。恐竜の中では、空を自在に飛び、安全な場所に避難できる鳥だけは生きのこったのです。

恐竜は今も生きている

　地球の歴史上、恐竜はもっとも繁栄した生きもののひとつでした。

　スズメくらい小さいものから、シロナガスクジラほど大きいものまで、さまざまな恐竜が、地球上のすべての大陸に生息し、中生代に1億6000万年以上ものあいだ繁栄を続けました。

　地球環境の大きな変化によって、多くの恐竜はいなくなりましたが、生きのこった恐竜──鳥は、今も1万種以上が地球を飛びまわっています。

今度、鳥を見かけたら
じっくりと観察してみてください。
眼やあしなんて、
まさに恐竜そのものです。
いつも見なれている鳥たちが
じつは恐竜の子孫だったなんて、
なんだかワクワクしませんか?

最新の恐竜研究いろいろ

大きな恐竜と小さな恐竜

地球誕生以来、海の中ではシロナガスクジラをしのぐ巨大な動物はあらわれていませんが、陸では、恐竜が史上最大の動物でした。

もっとも長い恐竜として知られるのはマメンチサウルスで、全長約35メートル、体重は推定50トンです。体重ではアルゼンチノサウルスがもっとも重かったといわれ、100トン近くもあったようです。

さらに大きかったと話題をよんだ恐竜もいます。1877年に発見されたアンフィコエリアスの1個の背骨から推定される大きさは全長58メートル、体重120トンともいわれます。ただしこの骨は現在行方不明のため、正確な大きさはわかりません。

恐竜は大きなものばかりではなく、半分以上の種類は人間より小さなものでした。ニワトリくらいの大きさの恐竜化石はそうめずらしくもなく、中にはエピデンドロサウルスのように、尾まで入れても15センチメートルほどの小さなものすら存在しました。

大きな恐竜に羽毛がないわけ

　大型恐竜の皮ふの化石を見ると、ほとんどはウロコのような皮ふでおおわれていて、羽毛はありません。でも、これはゾウやサイ、カバなどの毛がうすいように、体が大きすぎて身づくろいがしづらかったり、雨にぬれても体を乾かしにくいといった事情で、羽毛を退化させたのかもしれません。

　ごく最近、全長21ミリメートルにも達する巨大なノミの化石が発見されました。これほど巨大なノミが寄生できる動物は、大型恐竜以外には考えられません。
　巨大な恐竜は、こうした寄生生物の侵入を防ぐためにも、丸はだかのほうが都合がよかったのかもしれません。

羽毛の生えかたにはムラがあった？

　恐竜の羽毛の毛深さや長さ、生えている範囲については、はっきりした答えが出たわけではありません。
　鳥の皮ふは、羽毛の生えた「羽区」と、何も生えていない「裸区」にわかれています。また、鳥のあしはほかの爬虫類のようにウロコでおおわれていますが、これは体内の余分な熱を外へ逃がすために必要なものです。

　ティラノサウルスの体の表面も、鳥のように羽区と裸区にわかれていたかもしれません。
　ただし、もしそうだったとしても、羽区からのびた長い羽毛が裸区をおおいかくしてしまい、外側から見ると結局「ひよこ」のように見えたのではないかと思われます。

羽毛と哺乳類の毛は何がちがうの？

　鳥や恐竜の羽毛は、爬虫類が持っているウロコが変化したものです。これに対して、わたしたちヒトをふくむ哺乳類の毛は、ウロコから変化したものではなく、まったく別のルートで進化したもののようです。

　恐竜たちが生まれるずっと前、恐竜や翼竜の祖先が初めて羽毛を獲得したのは、今から2億5100万年ほど前の、ペルム紀という時代の終わりごろといわれています。哺乳類の祖先は、すでにペルム紀前期ごろには毛がありました。哺乳類の祖先の最初の毛は、ひげなどのような感覚器がその機能を失うかわりに、全身へと広がったと今は考えられています。

羽毛恐竜発見のかんちがい

　1996年にシノサウロプテリクスの化石から見つかった羽毛は、恐竜の復元に革命的な変化をもたらしましたが、実際にはこの発見が初めてではなかったようです。

　たとえば、19世紀前半にアメリカ北東部のコネチカット渓谷で発見された、『ある動物』が泥の上に座ってできた化石をよく見ると、おなかのところにはっきりと羽毛の跡が残されています。ヒッチコックという学者は、この羽毛の跡はカンガルーなどのなかまがつけたものと発表しました。また、彼の死後になって出版された論文には、エミューのような姿をした、鳥類の起源に関わる動物だと書かれていました。

　しかし、実際にこの跡を残したのは、今から約1億9000万年前のジュラ紀前期に生きていた、全長4.5メートルほどの肉食恐竜でした。化石に羽毛の跡が残されていても、まさか恐竜のものだったとは思われなかったのです。

さくいん

あ
アーケオプテリクス············48,49
アーケロン······················17
アデロバシレウス················16
アンキロサウルス················14
アンモナイト··················16,52

い
イクチオサウルス················16
隕石衝突説······················52

う
海トカゲ竜··················17,52
羽毛恐竜····················26,27

え
エピデクシプテリクス············34
エラスモサウルス················17

お
オヴィラプトル················32,33

か
外温動物····················22,23
風切羽······················43,48,51

き
魚竜························16,17

く
首長竜······················17,52

け
ケツァルコアトルス··············17
堅頭竜類····················14,15
剣竜類······················14,15

こ
構造色······················36,37
ゴンドワナ大陸··················10

さ
三畳紀····················10,11,28,50

し
始祖鳥····················48,49
シノサウロプテリクス············26
獣脚類················12,13,40,42,44
ジュラ紀················10,11,47,48

す
ステゴサウルス··················15

ち
中生代················10,11,16,17,56
鳥脚類························14
鳥盤類····················12,14

つ
角竜類····················14,15

て
ディモルフォドン················16
ティラノサウルス········8,13,21,40

と
トリケラトプス··················15

な
内温動物················22,23,28

に
肉食恐竜····················8,26

は
パキケファロサウルス············15
白亜紀················8,10,11,51
爬虫類············17,18,19,20,21,22,23,33
パラサウロロフス················14
パンゲア大陸····················10

ふ
プシッタコサウルス··············34
ブラキオサウルス················13
プレシオサウルス················16

ほ
哺乳類················16,17,19,20,32,55

み
ミクロラプトル・グイ········46,47

も
モササウルス····················17

よ
翼竜················16,17,47,50,51,52
鎧竜類························14

ら
ランフォリンクス················16

り
竜脚形類····················12,13
竜盤類························12

れ
レアエリナサウラ················30

ろ
ローラシア大陸··················10

61

あとがき

　『恐竜』と聞くと、なんだか映画やゲームや遊園地の世界のキャラクターのような存在に思えてしまうことはありませんか？
　白状しますと、何をかくそう、恐竜の仕事をしているわたしがときどきそう感じてしまうのです。それは、恐竜にいろいろな角やトゲが生えていたり、巨大なものや強そうなものがいたりと、みょうに面白いせいかもしれません。
　おかげで、かれらが自然界にちゃんと存在した、血も涙もある（涙は悲しいときではなく、眼が乾いたりゴミが入ったときに流すだけでしょうが…）ごくふつうの生きものであることを、ふと忘れてしまうのです。
　でも、恐竜についての関心がファンタジーや骨董的な方向だけで終

　わったら、もったいなさすぎます。
　恐竜だけでなく、かれらが食べていた動植物、当時の気候などを調べることは、現在の自然環境を深く知ることにつながります。逆に今の自然に興味を持つことも、恐竜について深く理解することにとても役立ちます。
　くり返しますが、なにしろ恐竜はすべて絶滅したわけではなく、今なお繁栄を続けているのです。恐竜とわたしたち哺乳類は、2億数千万年という途方もない時間をいっしょにくらし、ゆたかな生態系を作りあげ、ずっと維持しつづけてきたなかまなのです。そして、この命のつながりを未来の地球に残していけるかどうかは、わたしたちひとりひとりの自然に対する関心や行いにかかっているのです。
　　　　　　　　　　　　　　　　　　　　　　　　　　富田 京一

● 富田京一

爬虫類・恐竜研究家。福島県生まれ。国内各地で開催されている恐竜展に学術協力者として参加。『きょうりゅうかぶしきがいしゃ』(ほるぷ出版)、『恐竜レスキュー ジュラKIDS!』(朝日学生新聞社)、『日本のカメ・トカゲ・ヘビ』(山と溪谷社)などの監修・著作をもつ。

● 下田昌克

世界を旅行し、現地で出会った人々のポートレイトを描いてまとめた『PRIVATE WORLD』(山と溪谷社)をはじめ、谷川俊太郎との絵本『あーん』(クレヨンハウス)、『ぶたラッパ』(そうえん社)など著書多数。近著『恐竜人間』(下田昌克 恐竜制作・藤代冥砂 写真・谷川俊太郎 詩／パルコ出版)では帆布を縫って、恐竜を作っている。

デザイン：坂川栄治＋坂川朱音(坂川事務所)
イラスト協力：工藤晃司(P24)
写真提供：PPS通信社

〈おもな参考文献〉
「驚異の大恐竜博」図録、「世界の巨大恐竜博2006」図録、「恐竜2009砂漠の奇跡!!」図録、「恐竜王国2012」図録

恐竜は今も生きている

2015年11月　第1刷

著　富田京一
絵　下田昌克

発行者　奥村傳
編集　長谷川慶多
発行所　株式会社ポプラ社
　　　〒160-8565 東京都新宿区大京町22-1
　　　電話(編集)03-3357-2216　(営業)03-3357-2212
　　　(お客様相談室)0120-666-553　振替 00140-3-149271
　　　http://www.poplar.co.jp(ホームページ)
印刷　瞬報社写真印刷株式会社
製本　株式会社難波製本

N.D.C. 457/63P/22cm　ISBN978-4-591-14719-1
©2015　Kyoichi Tomita&Masakatu Shimoda　Printed in Japan

落丁・乱丁本は送料小社負担でお取りかえいたします。ご面倒でも小社お客様相談室までご連絡ください。受付時間は月〜金曜日、9:00〜17:00(ただし祝祭日は除く)
読者の皆様からのお便りをお待ちしております。いただいたお便りは編集局から著者におわたしいたします。
本書のコピー、スキャン、デジタル化等の無断複製は著作権法上での例外を除き禁じられています。本書を代行業者等の第三者に依頼してスキャンやデジタル化することは、たとえ個人や家庭内での利用であっても著作権法上認められておりません。